Benny Rebel

UNGEZÄHMT

Tiere der Wildnis

Benny Rebel

UNGEZÄHMT

Tiere der Wildnis

HERBiG

Besuchen Sie uns im Internet unter:
www.herbig-verlag.de

Umschlaggestaltung und Layout: Wolfgang Heinzel
Umschlagbild: Benny Rebel
Herstellung: Verlagsservice Dr. Helmut Neuberger
& Karl Schaumann GmbH, Heimstetten
Gesetzt aus der 11,75/16 Punkt Goudy
Reproduktionen: Peschke Druck GmbH • Tausend Verlagsservice, München
Drucken und Binden: Printer Trento S.r.l., Trento
Printed in Italy
ISBN 3-7766-2484-1
Ab 1.1.2007: 978-3-7766-2484-7

Liebe Freunde der Naturfotografie,

was ist die höchste Auszeichnung für einen Fotografen? Für mich lautet die Antwort: wenn er durch seine Bilder tiefe Gefühle beim Betrachter weckt – Staunen, Freude, Ehrfurcht vor der Natur oder auch Entsetzen über ihre Zerstörung. Dies gelingt Benny Rebel mit jeder einzelnen Aufnahme.

Für mich, der ich auf 88 Lebensjahre und mehr als 70 Jahre als Tierfotograf und Tierfilmer zurückblicke, gibt es eine weitere große Auszeichnung: Wenn ein junger Mensch, so wie Benny Rebel, auf mich zukommt, um mir zu sagen, dass meine Fotos und Filme ihn inspiriert haben, selbst die Kamera in die Hand zu nehmen. Mittlerweile ist Benny Rebel einer der erfolgreichsten Tierfotografen Europas.

Naturfotografie ist heute ebenso faszinierend wie vor Jahrzehnten, als ich mit meinen ersten Aufnahmen experimentierte. Später unternahm ich abenteuerliche Expeditionen, um erstmals Bilder der geheimnisvollen Paradiesvögel auf Neuguinea zu schießen oder um mehr über das Leben der Berggorillas in Afrika zu erfahren. Zum Beispiel war es damals keineswegs selbstverständlich, dass diese Menschenaffen alles andere waren als die Furcht erregenden Bestien, für die sie oft gehalten wurden. Sie sind friedliche Pflanzenfresser mit einem hoch entwickelten sozialen Verhalten.

Heute wissen wir bedeutend mehr über unsere Welt – fast scheint es, als hätten wir Menschen fast jeden Winkel der Erdoberfläche erforscht und in Besitz genommen. Nicht zuletzt aus diesem Grund stellen sich dem Fotografen von heute ganz neue Herausforderungen. Ging es früher oft darum, kaum bekannte Tierarten zu zeigen, so geht es heute zunehmend darum, nunmehr selten gewordene und gefährdete Tierarten zu dokumentieren.

Die Fotografie kann so auch zu einem Mittel des Natur- und Artenschutzes werden – und das ist sie auch für Benny Rebel. Er zeigt uns mit seinen atemberaubenden Bildern, wie fantastisch, wie schön und unwiederbringlich die Schöpfung ist. Er zeigt uns aber auch, wie wir Menschen die Natur durch unser Handeln bedrohen. Und er fordert uns auf, gemeinsam zu ihrer Rettung beizutragen!

Für dieses Anliegen und für seine Zukunft wünsche ich Benny Rebel viel Erfolg und alles Gute.

Herzlichst,

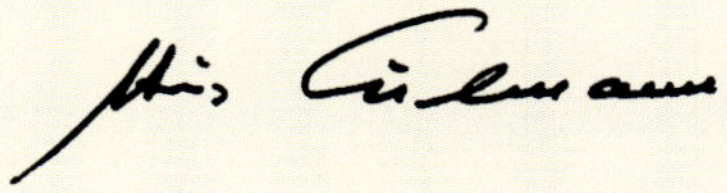

Professor Heinz Sielmann

Zu diesem Buch

Die schneeweiße Taube meines Cousins war meine erste große Liebe, als ich drei Jahre alt war. Ich wuchs in einer Großstadt auf und meine Mutter mochte keine Haustiere. Bis zu meinem 15. Lebensjahr besuchte ich daher so oft es ging meine Freunde und ihre Hunde, Katzen, Singvögel, Hühner, Pferde, Esel und Tauben. Wir wanderten gemeinsam durch die gebirgige Landschaft unserer Umgebung, um Schlangen, Skorpione, Raubvögel, Füchse, Insekten und andere Tiere in freier Wildbahn zu beobachten.

Irgendwann war ich »rebellisch« genug, um meine Interessen in der Familie durchsetzen zu können. Ich bekam ein großes Flachdach mit zwei angrenzenden Räumen, die bis dahin als Abstellraum genutzt worden waren. Das wurde mein eigenes Reich, in dem ich nun endlich Haustiere halten durfte. Ich schmückte die Räume mit Grünpflanzen und kleinen Bäumen. Es entstand eine »Zuchtstation« für Wellensittiche, Kanarienvögel, Zebrafinken und viele andere Kleinvögel. Auf dem Flachdach baute ich eine große Voliere für etwa 70 Tauben, die dort übernachteten und sich tagsüber draußen aufhielten oder herumflogen. Es machte mir so viel Spaß, dass ich sogar mein Bett in einem der Räume aufbaute, um auch nachts bei meinen Schützlingen sein zu können.

Meine Tierliebe ist mir bis heute geblieben und ich habe nie aufgegeben, nach Möglichkeiten zu suchen, der Natur zu dienen und sie zu genießen.

Irgendwann erfuhr ich von der sinnvollen Arbeit der verschiedenen Naturschutzorganisationen. Zunächst unterstützte ich Greenpeace, später folgte die Zusammenarbeit mit dem WWF, der Heinz-Sielmann-Stiftung und anderen bedeutenden Naturschutzvereinen, die ich nach wie vor unterstütze.

Die Geheimnisse der Tiere zu erforschen und mehr über ihre Verhaltensweise zu erfahren, wurde immer mehr zum Mittelpunkt meines Lebens. Dokumentarfilme, Bücher und Zeitschriften lieferten mir die Informationen, die ich mir aneignen wollte.

Da Afrika den tierreichsten Kontinent der Erde darstellt, war es viele Jahre mein Traum, irgendwann einmal dorthin zu fliegen, um die Naturschönheiten des Schwarzen Kontinents zu bewundern. Die mit dem »wilden Kontinent« verwurzelte afrikanische Musik und Reggae begleiteten mich täglich durch meine Träume und verstärkten den Reisewunsch in mir. Eines Tages hielt ich endlich ein Flugticket nach Uganda in den Händen – damit war ich der glücklichste Mensch der Welt!

Vom ersten Augenblick an fühlte ich mich wohl in Afrika – ich hatte das Gefühl, endlich nach Hause gekommen zu sein. Es schien mir so, als ob mein Geburtsort und mein Wohnort mir nie so vertraut gewesen waren wie dieses »Gelobte Land«.

Die Reise war großartig und höchst abenteuerlich; sie machte mich »afrikasüchtig«. Einige meiner Erlebnisse können Sie in diesem Buch sehen. In den folgenden Jahren flog ich jedes Jahr in verschiedene afrikanische Länder und bereiste sie teilweise mehrere Monate lang. Zwischendurch besuchte ich, ebenfalls für die Tierfotografie, interessante Gebiete außerhalb Afrikas, zum Beispiel den Galapagosarchipel. Südafrika entwickelte sich zu meinem Lieblingsland und ich fand dort viele neue Freunde. Bislang bin ich mehr als zehn Mal in dieses kontrastreiche Land gereist.

Bilder wecken Emotionen. Ich eignete mir die Kunst der Fotografie an, um mit meinen Fotos für den Naturschutz zu werben. Die wilden Tiere auf diese Art »einzufangen«, entwickelte sich rasch zu meiner Berufung. Es macht mir eine unbeschreiblich große Freude, mich immer wieder für längere Zeit in der Wildnis aufzuhalten, Tiere zu beobachten, die Schönheiten unserer Erde fotografisch festzuhalten und für ihren Schutz zu kämpfen.

Ich habe meinen »Traumjob« und mein Lebensziel gefunden! Mit diesem Buch möchte ich Sie auf eine Abenteuerreise mitnehmen, Ihnen einige Schönheiten aus unserer zauberhaften Naturwelt zeigen und in Ihnen den Wunsch entfachen, dass diese wunderbaren Geschöpfe und ihre Lebensräume geschützt werden und für die zukünftigen Generationen erhalten bleiben mögen.

Benny Rebel

LEOPARDEN

Auf der Spur des unsichtbaren Jägers

Meine afrikanischen Freunde fürchten kein Tier so sehr wie den Leoparden. Sie sind Wildhüter und sagen, dass der Leopard die unberechenbarste und somit die gefährlichste Raubkatze der Welt sei. Selbst Tiere, die in Gefangenschaft von Menschenhand großgezogen wurden, könnten ihren Pfleger jederzeit töten. Auch wenn er sehr zahm aussieht, sagen sie, muss man jeden Tag vorsichtiger werden, sobald der Leopard die Geschlechtsreife erreicht hat. Dann kann man ihm nicht mehr trauen. Das ist der Hauptgrund, warum Leoparden nur äußerst selten im Zirkus zu sehen sind. Löwen und Tiger sind in ihrem Verhalten sehr viel kalkulierbarer, und der Gepard kann gar so zahm wie eine Hauskatze werden. Doch auf zahlreichen Grabsteinen von Wildhütern steht geschrieben, dass er von einem Leoparden getötet wurde.

Obwohl Leoparden sehr viel weiter verbreitet sind als zum Beispiel Löwen oder Geparden, sind sie in der Wildnis dennoch nur selten zu sehen. Oft finde ich ihre Fußabdrücke in der Savanne und auf den Bäumen Reste ihrer Beute. Aber die Tiere selbst sehe ich nur äußerst selten. Sie haben oft eine bevorzugte Wasserstelle, an der sie ihren Durst stillen. Wer an solchen Stellen wartet, kann mit etwas Glück die scheuen Jäger beim Trinken beobachten.

Ihre hervorragende Tarnung und ihre geheimnisvolle Lebensweise machen Leoparden zu »unsichtbaren Jägern«. Ihre Spuren verraten ihre Anwesenheit, aber es ist auch für erfahrene Ranger kein leichtes Spiel, sie in der Wildnis aufzuspüren.

Ich sehe ihre Spuren und weiß, dass sie in der Nähe sind, aber ich habe Schwierigkeiten, diese Schönheiten vor die Linse zu bekommen. Meine afrikanischen Freunde sagen, dass es erheblich leichter sei, im Busch einen Löwen zu verfolgen und zu finden als einen Leoparden.

Das wunderschöne Fell der Leoparden wurde ihnen zum Verhängnis. Jahrzehntelang wurden sie für die Pelzindustrie getötet, oder ihr Fell wurde als Wandschmuck in den Wohnzimmern gewissenloser Jäger aufgehängt.

PRIMATEN

Die Artisten der Savanne

Paviane oder grüne Meerkatzen begeistern die Besucher der afrikanischen Nationalparks ganz besonders. Es ist sehr unterhaltsam und kurzweilig, unsere nächsten Verwandten zu beobachten und zu fotografieren. Die Jungtiere raufen miteinander, die Älteren sitzen und lausen sich oder streiten mit den anderen Gruppenmitgliedern um das Futter. Die Primaten sind die Artisten der Savanne.

Affen sind neugierig, intelligent und flink. Wenn man sich also in der Nähe von Primaten aufhält, sollte man Wertsachen, Kamera und Essen nicht aus den Augen verlieren. Denn ehe man sich versieht, könnte das teure Equipment in zehn Meter Höhe auf einen Baum verschwinden oder noch höher, je lauter man die Tiere anschreit. Bekommt man das Objekt der Begierde überhaupt noch einmal zurück, wird es wahrscheinlich nicht mehr funktionieren …

Für mich ist es großes Kino, wenn die Jungtiere miteinander spielen.

Die Beobachtung der grünen Meerkatzen ist mindestens genauso unterhaltsam wie die der Paviane. Doch für Besucher von Nationalparks gilt eine strenge Regel: Wildtiere niemals füttern! Das ist keine Tierliebe, sondern ein Todesurteil.

Leider sind mittlerweile viele Tiere in den Nationalparks wegen des Fehlverhaltens der Menschen verhaltensgestört. Oft beginnt es mit einer scheinbar harmlosen Fütterung. Die Wildtiere verlieren mit der Zeit ihre natürliche Scheu vor den Menschen. Sie werden immer dreister und aggressiver. Eines Tages müssen sie dann von den Rangern erschossen werden, weil sie eine Gefahr für die Menschen darstellen.

Paviane lieben ihren Nachwuchs, wie wir Menschen. Man hat sogar beobachtet, dass erwachsene Paviane einen Kampf mit einem Leoparden in Kauf nehmen wollten, um ihre Jungtiere vor dem Räuber zu schützen.

ELEFANTEN

Gefährliche und sanfte Herzensbrecher

Normalerweise sind die grauen Riesen sehr friedliche Tiere, die jedem Ärger lieber aus dem Weg gehen. Doch wenn ein Elefant seine Ohren nach vorne presst, seinen Kopf kreisförmig schüttelt, seinen Schwanz und die Stoßzähne hochhebt, dann ist es höchste Zeit, das Weite zu suchen. Doch leider überschreiten rücksichtslose Touristen mitunter die Toleranzgrenze der Elefanten, indem sie mit ihren Fahrzeugen viel zu nah an die Tiere heranfahren. Das nervt die Dickhäuter und kann sie zu einem Angriff veranlassen. Ich habe Fotos von einem Auto gesehen, das nach einer Elefantenattacke wie eine zerquetschte Blechdose aussah. Alle Insassen wurden getötet.

Wenn Elefantenbullen miteinander kämpfen, sollte man noch vorsichtiger sein …

… und als Beobachter eine möglichst große Fluchtdistanz einnehmen.

Jungtiere haben noch nicht gelernt, mit ihrem Rüssel vernünftig umzugehen, und wirken herrlich tollpatschig.

Elefantenbabys sind die Herzensbrecher der Savanne.

Sehr bemerkenswert ist das soziale Leben der Elefanten. Wenn ich längere Zeit bei einer Elefantenherde verbringe, setze ich mich hin und versuche herauszufinden, wie die Tiere miteinander kommunizieren und welche Reaktionen auf bestimmte Aktionen folgen. Der Rüssel spielt dabei eine große Rolle, doch sie unterhalten sich auch durch Laute. Einige Töne sind so tief, dass wir Menschen sie gar nicht hören können. Ihre Artgenossen jedoch sind in der Lage, die übermittelten Informationen über mehrere Kilometer zu empfangen.

LÖWEN

Das Lächeln der Könige

Jedes Tier kommuniziert auf seine Art und Weise mit anderen Lebewesen und reagiert unterschiedlich auf die Signale, die es von diesen empfängt. Wenn ein Löwe nicht auf der Seite liegt, sondern in Sprintposition sitzt, wenn sich seine Schwanzspitze hin- und herbewegt, er mit den Ohren zuckt und mich schließlich anstarrt, dann kann ich sicher davon ausgehen, dass er mich gleich attackieren wird. Diese Signale zu kennen und sie rechtzeitig wahrzunehmen, ist lebenswichtig für mich. Deshalb studiere ich das Verhalten der Tiere, die ich in der Wildnis fotografiere, sehr ausführlich. Unzählige Naturgeheimnisse habe ich von den Wildhütern in Afrika, meinen Freunden, gelernt.

Wenn ein Löwe plötzlich auf mich zuläuft, darf ich nicht die Beherrschung verlieren und wegrennen.
Das wäre ein fataler Fehler, den ich vermutlich mit dem Leben bezahlen würde.

Es ist ratsamer, stehen zu bleiben, den Löwen anzubrüllen und Stärke zu demonstrieren.
Das richtige Verhalten in solchen Situationen hat mir des Öfteren das Leben gerettet.

Ein Löwe schaut gelangweilt zur Seite, der andere gähnt. Eine scheinbar relaxte Situation, die sich jedoch innerhalb von Sekunden ändern kann – zu einer Attacke oder einem Jagdversuch.

Wenn sich fremde Löwen treffen, kann es sehr spannend werden. Die Besitzer des Territoriums werden die Fremden angreifen. Entweder kommt es zu einem gewaltigen Kampf, der kilometerweit zu hören ist, oder die Schwächeren räumen das Feld.

Jungtiere sind sehr neugierig und eignen sich besonders für Aufnahmen mit versteckten Kameras oder für Trickaufnahmen.

Löwen schlafen bis zu 20 Stunden am Tag.

Löwen in Aktion zu erleben ist äußerst selten.

Löwen sind die einzigen Katzen, die in Familienverbänden (Rudeln) leben.

Als Tierfotograf muss ich ständig einsatzbereit sein, um spannende Kampf- oder Jagdsituationen blitzschnell aufnehmen zu können.

Innerhalb weniger Sekunden kann sich die Situation ändern, Spiel zu Kampf oder Jagd zu Spiel werden.

Nashörner kennen Löwen als ihre Feinde, auch wenn sie zwei Tonnen wiegen und mit einem mächtigen Horn bewaffnet sind. Dieser junge Löwe, der sicherlich keine 60 kg wog, hat fünf Kolosse in die Flucht geschlagen.

VÖGEL

Unsere gefiederten Freunde

Glanzstare, Flamingos, Graureiher, Perlhühner, Kaffernhornraben, Webervögel, Gabelracken, Steinadler bis hin zu kleinen Singvögeln haben einiges gemeinsam: Diese bunten Geschöpfe sind wunderschön anzusehen, ihre Gesangskunst beflügelt uns – und sie können uns Menschen kaum gefährlich werden. Diese Eigenschaften machen Vögel zu den beliebtesten Tierarten auf unserem Planeten, wir bringen ihnen weit mehr Sympathie entgegen als Insekten, Säugetieren, Reptilien oder Fischen.

Ich habe mich viele Jahre mit dem Verhalten verschiedener Vogelarten auseinander gesetzt. Dabei konnte ich feststellen, dass nicht jeder Vogel einer Gattung den gleichen Charakter aufweist wie seine Artgenossen. Innerhalb einer Art gibt es Vögel, die sehr friedlich und relaxt sind, andere dagegen äußerst aggressiv, und wieder andere, die sehr elegant auftreten. Ich bemerkte, dass sie Freude und Trauer spüren, launisch oder depressiv sein können. Viele von den Eigenschaften, die wir als menschlich bezeichnen, sind in der Tierwelt weit verbreitet. Dass Elefanten, Primaten oder Delfine Emotionen zeigen können, ist seit längerem bekannt. Aber bei Kleinvögeln würden wir solche Eigenschaften meist nicht vermuten.

Lake Nakuru in Kenia beherbergt unzählige Flamingos. Diese eleganten Langbeiner tanzen einen wunderschönen Hochzeitstanz, und zwar in Gruppen.

Dieser Flamingo (rechtes Bild), den ich auf den Galapagosinseln von einem Berg aus fotografiert habe, sucht im seichten Wasser nach Nahrung und hinterlässt dabei eine Spur.

Dieser Graureiher geht im Krüger National Park in Südafrika auf Beutefang.

In der Wildnis treffen manchmal unterschiedliche Tiere zusammen, die dann ein gutes Fotomotiv darstellen. Hier waren es drei Sattelstörche und im Hintergrund Wasserböcke.

Perlhühner sind zugegebenerweise nicht die hübschesten Vögel, aber dennoch gute Fotomodells.

Sie sind genauso schützenswert wie ihre schöneren Konkurrenten.

Kaffernhornraben sind vom Aussterben bedroht, weil der Mensch ihnen den Lebensraum wegnimmt. Außerdem werden sie mitunter in Afrika von Farmern getötet, deren Fensterscheiben sie mit ihrem kräftigen Schnabel zerstört haben.

Das Webervogelmännchen baut ein kunstvolles Nest und bittet seine Angetraute, sich das zukünftige gemeinsame Zuhause anzusehen. Wenn das Weibchen das Nest für schön und gut befindet, wird es sich mit dem Männchen paaren und den gemeinsamen Nachwuchs großziehen.

Ist das Webervogelweibchen aber nicht von der Baukunst des Bräutigams überzeugt, wird es das Haus gnadenlos vom Baum herunterreißen.

Ein wunderschöner Vogel, der sich unter anderem von uns unappetitlich scheinenden Skorpionen ernährt und dessen Gesang eher einem Gekreische ähnelt. Gabelracke, sein scheußlich klingender deutscher Name, wird der Anmut dieses schönen Vogels nicht gerecht.

Die meisten von uns wissen nicht, dass Vögel direkte Nachfahren der Dinosaurier sind. Einer von ihnen ist das schnellste Tier der Erde: Der Wanderfalke erreicht im Sturzflug eine Geschwindigkeit von bis zu 350 km/h.

Bis heute konnte ich ihn nicht fotografieren – hier dafür einen Uhu und einen Bartgeier.

Der größte und schnellste Laufvogel der Welt ist der Strauß.

Er kann bis zu 70 km/h schnell laufen.

Die letzte Perspektive eines Kaninchens – bevor es von diesem Steinadler geschlagen wird.

Der Balztanz der Gackeltrappen ist äußerst interessant zu beobachten: Sie singen lautstark, fliegen senkrecht in den Himmel, lassen sich dann plötzlich fallen. Kurz vor dem Aufprall auf dem Boden fangen sie sich wieder und landen sicher.

Diese Pinguine haben sich erst vor einigen Jahren in Südafrika niedergelassen, wo ich sie studieren und fotografieren konnte. Sie werden dort mittlerweile auch geschützt.

Pinguine sind relativ zutraulich, die Arbeit mit ihnen machte mir große Freude. Ich empfinde sehr viel Sympathie für diese Vögel, die nicht fliegen können.

NASHÖRNER

Tonnenschwere Schönheiten

Zu Nashörnern habe ich eine ganz besondere Beziehung. Gemeinsam mit verschiedenen Tierschutzorganisationen setze ich mich seit vielen Jahren für den Schutz und Erhalt dieser Tiere ein. Wenn ich heute junge Nashörner in der freien Natur beobachte, erfüllt mich ein ganz wunderbares Gefühl. Ich fühle mich stolz, glücklich und zufrieden, dass unsere Aktionen dazu führten, das Aussterben dieser wunderbaren Geschöpfe zu verhindern. Und dass auch ich meinen kleinen Teil dazu beitragen konnte, lässt mich die jungen Nashörner als »Früchte« unserer gemeinsamen Arbeit betrachten. Vielleicht ist es diese besondere innere Verbundenheit, die es mir mehrmals ermöglicht hat, mich allein und zu Fuß bis auf wenige Meter an wilde Nashörner heranzuwagen, ohne dass sie die Flucht ergriffen oder mich attackierten.

Dieser Nashornbulle war das aggressivste Nashorn, das ich je gesehen habe. Er hatte bereits einen Büffel schwer verletzt und einen jungen Elefanten und eine Giraffe getötet, erzählten mir die Wildhüter.

Nashörner gehören zu jenen Tieren, die viele Jahre lang sinnlos geschlachtet wurden. Zuerst waren es die Jäger aus den Industrienationen, dann die Wilderer, die die Hörner der Tiere für jemenitische Dolchhersteller besorgten, und nicht zuletzt war die chinesische Medizin daran schuld, dass die Tiere fast ausgerottet wurden. In China werden pulverisierte Hörner von Nashörnern als Potenzmittel verkauft.

Nashornkühe mit Jungtieren (rechtes Bild) sind eine »tickende Zeitbombe« in der Landschaft. Hier ließen sie mich mit der Kamera bis auf etwa drei Meter an sich heran.

Während meiner Kurzausbildung zum Ranger in Südafrika bekam ich Gelegenheit, mich Nashörnern mehrmals bis auf wenige Meter zu nähern, ohne Auto, zu Fuß und allein.

Bei einer Filmproduktion für das deutsche Fernsehen begegneten wir diesem sieben Tage alten Nashornbaby, das wie ein junger Hund herumtollte und mit seiner Mutter spielte.

Die Gelehrten wussten nicht zu erklären, warum ich so nah an diese Nashörner herangehen konnte, ohne dass diese wegliefen oder mich attackierten. Diese Aufnahmen entstanden aus einer Distanz von weniger als drei Metern – nicht aus dem Auto heraus.

GALAPAGOS

Laboratorium der Evolution

1000 Kilometer vor der ecuadorianischen Küste, im Pazifischen Ozean, liegt der Galapagosarchipel. Seine 13 Hauptinseln, vulkanischen Ursprungs, sind ein lebendiges Laboratorium der Evolution. Hier gibt es viele endemische Tiere und Pflanzen, die sich aufgrund der Isolation vom Rest der Welt nur hier so entwickeln konnten: Meerechsen, die ihre Nahrung unter Wasser aufsuchen, Kormorane, die nicht fliegen können, und Finken, die Blut trinken. Landschildkröten mit einem Gewicht von bis zu 300 kg, Fregattvögel, die als Piraten die Beute anderer Jäger in der Luft stehlen, wunderschöne bunte Klippenkrabben und die kuscheltierähnlichen Seelöwen. Diese Tiere, die ursprünglich vom Festland stammten, mussten sich seit ihrer Ankunft auf den Inseln ihrer neuen Umwelt anpassen. Diese über viele Generationen fortlaufende Anpassung brachte Tierarten hervor, die sich teilweise ganz anders verhalten und ernähren als ihre Vorfahren vom Festland.
Diese einzigartige Tierwelt kennen zu lernen und die Schönheit dieses Teils der Erde beobachten zu können, war für mich als Fotograf die Realisierung eines Traums und ein Privileg.

Unter den Tierarten auf den Galapagosinseln waren die Meerechsen für mich die Hauptdarsteller.

Die Meerechsen sind die einzigen Echsen, die ihre Nahrung – Algen – unter Wasser zu sich nehmen.

Meerechsen sind genauso zutraulich wie Pinguine und die Arbeit mit ihnen ist dementsprechend sehr angenehm.

Die bunten Klippenkrabben sind für mich die schönsten Krabben der Welt.

Einige Landschildkrötenarten sind bereits von uns Menschen ausgerottet. Andere stehen kurz davor.
Dieser Koloss wiegt mindestens 200 kg und lebt noch auf der Insel Santa Cruz.

Seelöwen sorgen auf Galapagos für gute Laune.

Sie sind neugierig und verspielt und es macht viel Spaß, sie im Wasser zu beobachten.

Seelöwen sind sehr gesellig. Sie lieben es, einige Stunden pro Tag aneinander gekuschelt am Strand zu schlafen.

GEPARDE

Blitzschnell – und bedroht

Geparde wirken äußerst elegant. Diese grazilen, vom Aussterben bedrohten Großkatzen waren früher in Asien und Afrika weit verbreitet. Im Iran und in Indien wurden einstmals Geparde gezähmt und für die Jagd eingesetzt. Doch die Bestände in Asien sind mittlerweile so gut wie ausgerottet. Es wird vermutet, dass nur noch eine Hand voll asiatische Geparde in abgelegenen Regionen des Irans und Afghanistans leben.

Auch die afrikanischen Geparde haben keine besseren Zukunftsaussichten. Durch das hohe Bevölkerungswachstum in Afrika verdrängen immer mehr Menschen die Tiere aus ihren Lebensräumen. Farmer betrachten Geparde als Schädlinge, die ihre Nutztiere jagen. Deshalb werden Geparde oft erschossen oder vergiftet.

Geparde werden bald aussterben, wenn wir Menschen ihnen nicht genügend Lebensraum zur Verfügung stellen und sie nachhaltig schützen.

Körperlich sind Geparde die schwächsten Großkatzen, daher verlieren sie ihre Mahlzeiten oft an stärkere Tiere wie Löwen, Leoparden, Hyänen oder in der Nähe des Wassers auch an Krokodile.

Geparde sind dank einer extrem flexiblen Wirbelsäule, die sie zu hervorragenden Sprintern macht, die schnellsten Landtiere der Erde.

Mit Geschwindigkeiten von weit über 100 km/h und einer Beschleunigung von 70 km/h in nur zwei Sekunden erreichen Geparde ihre Beute blitzschnell. Dies ist nur möglich, weil sie eine große Lunge und große Nasenlöcher haben und so während des Sprints mit genügend Sauerstoff versorgt werden.

Wissenschaftler vermuten, dass die Geparde vor etwa 10 000 Jahren durch eine Epidemie fast ausgerottet wurden. Nur ein Prozent des damaligen Bestandes überlebte. Die nachfolgende Inzucht erklärt das Genproblem der Geparden: Die heutigen Tiere sind alle Nachkommen dieses Restbestandes. Ihre Spermien sind weit inaktiver als die der anderen Großkatzen. Mit Aufzuchtprogrammen versuchen verschiedene Tierschutzorganisationen, diese wunderschönen Tiere vor dem Aussterben zu retten.

FLUSSPFERDE

Groß, schwer, schnell und gefährlich

Flusspferde sind zwar Vegetarier, töten aber in Afrika mehr Menschen pro Jahr als alle Raubtiere zusammen. Diese friedlich aussehenden Kolosse sind sehr schnell, stark und mitunter äußerst aggressiv. Selbst große Krokodile zeigen ihnen gegenüber Respekt. Tödliche Unfälle mit Menschen passieren meist in der Dunkelheit, wenn die Tiere das Wasser verlassen, um an Land zu grasen. Unser Sehvermögen ist im Dunkeln genauso schlecht wie das der meisten Primaten. Wenn wir in der Dunkelheit des Busches ein Flusspferd eindeutig identifizieren, dann ist es bereits zu spät: Entweder es läuft weg oder es greift uns an und wir sind mit zwei Tonnen Lebendgewicht konfrontiert.

Wenn Flusspferde sich bedroht fühlen, dann laufen sie automatisch in Richtung Wasser, ihr Element. Gerät ein Mensch zwischen Flusspferd und Wasser und versperrt ihm dadurch den Fluchtweg, kann das tödlich enden.

Manche Flusspferde attackieren sogar kleine Boote oder Kanus, wenn diese ihr Territorium durchqueren wollen. Auch solche Angriffe sind lebensbedrohlich.

BÜFFEL

Muskelpakete mit mächtigen Hörnern

Der afrikanische Kaffernbüffel gehört zu den gefährlichsten Tieren der Erde. Diese Rinder, die bis zu 1000 kg wiegen, haben zwei mächtige Hörner, vor denen sich selbst Löwen fürchten. Die Großwildjäger haben bereits sehr früh erkannt, dass Büffel keine leicht zu jagenden Tiere sind. Als sie feststellten, dass diese »Fleischberge« äußerst aggressiv, zäh und nachtragend sind, haben sie die Büffel auf die Liste der »Big Five«, der fünf gefährlichsten Tiere Afrikas, gesetzt. Neben Büffeln gehören Löwen, Leoparden, Nashörner und Elefanten zu den so genannten »Big Five«.

Vorsicht ist ganz besonders bei alten Bullen angebracht, die oft in kleinen Gruppen oder sogar einzeln unterwegs sind. Da diese Tiere nicht den Schutz der großen Herde genießen, sind sie sehr nervös und reagieren äußerst aggressiv.

Ich hatte mehrere hautnahe Begegnungen mit Büffeln, die Gott sei Dank bislang immer gut ausgingen. Einmal stand ich einer Büffelherde gegenüber, als ich mein Zelt in Lake Nakuru (Kenia) in der Nacht kurz einmal verlassen musste. Als ich sie entdeckte, trennten mich keine 15 Meter von ihnen. Ein anderes Mal war ich zu Fuß und wieder allein in Lake Mburo in Uganda unterwegs. Auch hier kam ich den Tieren so nah, dass ich bei einer Attacke keinerlei Überlebenschancen gehabt hätte. Bei weiteren sehr gefährlichen Begegnungen mit Büffeln in Südafrika kam es zum Glück auch nie zu einer ernsthaften Attacke.

GIRAFFEN

Die Botschafter Afrikas

Lange Wimpern, große Augen, bunte Musterung: Giraffen sind die wirklich friedlichen Riesen in der Savanne. Obwohl sie jeden Löwen mit einem Kick töten könnten, zeigen sie so gut wie nie Aggressionen. Selbst ihr Kampf ums Paarungsrecht sieht mehr wie ein Tanz als wie ein Kampf aus. Sie haben keine festen Territorien oder Gruppen. Deswegen sind sie sehr tolerante Tiere.

Viele Menschen verknüpfen mit dem afrikanischen Kontinent automatisch immer folgende Tiere: Löwen, Leoparden, Elefanten, Nashörner und Büffel. All diese Tiere kommen aber auch in Asien vor. Für mich sind, zusammen mit den Zebras, die Giraffen die wahren Botschafter Afrikas. Denn es gibt sie tatsächlich nur in Afrika.

Giraffen sind die leisesten Großsäuger der Erde. Man hört fast nie auch nur den geringsten Laut von ihnen.

VON LUCHSEN, WILDHUNDEN UND HYÄNEN

Ich liebe den Gesang der Hyänen, dem man im Busch oft die ganze Nacht aus der Ferne lauschen kann. Er begleitet mich durch meine Träume in der Nacht und macht mir bewusst, dass ich in Afrika bin. Wunderbar.
Wunderbar und wunderschön sind auch die afrikanischen Wildhunde. Sie sind sehr erfolgreiche Jäger, dennoch sind sie vom Aussterben bedroht. Wir Menschen rauben ihnen den Lebensraum, und die Farmer erschießen die Wildhunde. Weil sie auch Nutztiere jagen, gelten sie als Schädlinge.

Der Wüstenluchs mit seinen bemerkenswerten Augen und Ohren ist eines der schönsten Tiere der Erde. Er ist wesentlich kleiner als ein Leopard, kann aber Beutetiere schlagen, die viel größer sind als er selbst. Wie der Leopard ist der Wüstenluchs ein Meister in der Kunst des Kletterns. Innerhalb der letzten 15 Jahre habe ich nur fünf Mal einen Wüstenluchs in der freien Wildbahn gesehen.

KROKODILE

Die echten Überlebenskünstler

Krokodile sind viel länger auf der Erde beheimatet als wir Menschen. Sie haben eine sehr effektive Überlebensstrategie, mit der sie sich sehr erfolgreich behaupten können. Deswegen haben sie sich innerhalb der letzten Jahrmillionen kaum verändert. Wenn wir Menschen diese mächtigen Reptilien nicht bedrängen und ihren Lebensraum nicht zerstören, dann werden diese Überlebenskünstler vermutlich nie aussterben.

Krokodile können mehr als ein Jahr lang ohne Nahrungsaufnahme überleben. Manchmal wünsche ich auch mir solche Fähigkeiten.

ZEBRAS

Von Gräsern und Wildpferden in der Wüste

Über Zebras erzählen mir die Wildhüter in Afrika immer denselben Witz: Woran erkennt der Fachmann aus der Ferne, dass ein Zebra männlich oder weiblich ist? Die männlichen sind schwarz mit weißen Streifen, und die weiblichen sind weiß mit schwarzen Streifen … Mit dem Busch-Humor der Ranger beginnen Safari-Tage oft sehr fröhlich und früh am Morgen.

Zebras ernähren sich hauptsächlich von Gräsern, die von Bakterien in ihrem Verdauungsapparat zersetzt werden müssen. Das verursacht Blähungen. Sind Zebras nervös und bereit davonzugaloppieren, dann ist die Freisetzung der entstandenen Gase deutlich zu hören.

Für eine Dokumentation flog ich im Ballon über das Wildschutzgebiet Masai Mara in Kenia. Aus der luftigen Höhe fotografierte ich diese Zebras.
Kurz nach dem ersten Regen verwandelt sich die Etoshapfanne in Namibia in ein Blumenbeet (rechtes Bild). Dann sieht es so aus, als würden die Tiere im Paradies leben.

Als ich diese Wildpferde fotografierte, sagte man mir, dass nur noch einhundert von ihnen in der Namibwüste lebten.

Sie wurden ehemals von Menschen hierher gebracht und trotzen seither den lebensfeindlichen Bedingungen der Wüste.

IMPALAS & CO.

Weite Sprünge, schöne Augen

Impalas werden in Afrika als »Busch-Schnellimbiss« bezeichnet. Alle großen Raubtiere sehen im Impala eine leckere Mahlzeit. Auch bei Menschen ist das Fleisch dieser Antilopen sehr beliebt, deshalb werden sie oft gejagt.

Ihre gewaltigen Sprünge und ihre schönen Augen machen Impalas für mich zu wunderbaren Fotomodellen.

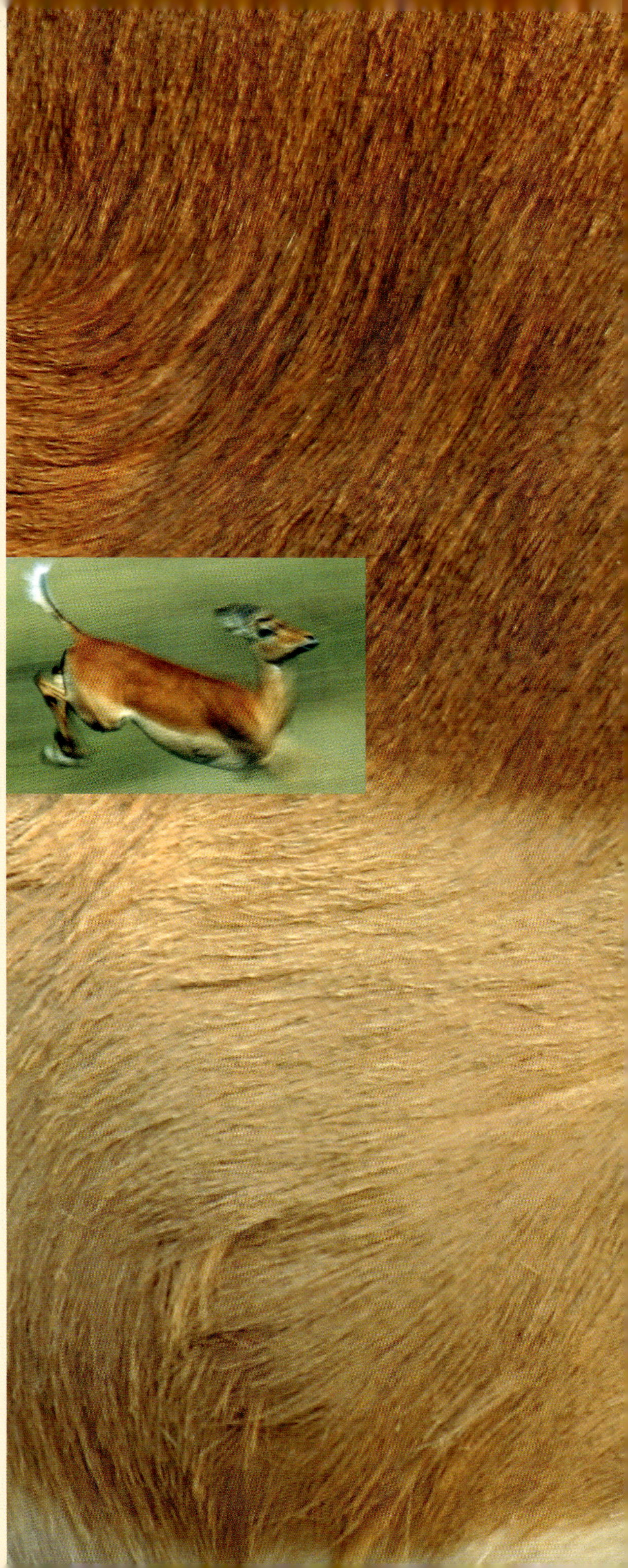

Um diesen verdutzten Buschbock mit einem Weitwinkelobjektiv aus der Nähe fotografieren zu können, musste ich mich mehrere Tage lang in einem Erdloch verstecken. Meine Geduld wurde mit dieser Aufnahme belohnt.

Wasserböcke am Ufer des Lake Nakuru in Kenia. Etwa zwei Millionen Flamingos leben in diesem Paradies, zusammen mit Löwen, Leoparden, Nashörnern, Büffeln sowie unzähligen Vögeln.
Den Reichtum der Tierwelt an diesem See studieren und fotografieren zu können, war ein großes Erlebnis.

KLEINE SCHÖNHEITEN

Wenn Sie die Naturschönheiten in Afrika einmal selbst erleben möchten, werden Sie vermutlich mit einem Auto durch die Nationalparks fahren. Meine große Bitte: Fahren Sie nie schneller, als erlaubt ist (40–50 km/h). Kleintiere wie Chamäleons, Zebramangusten, Erdhörnchen, Schildkröten, Klippschliefer, Insekten oder Schlangen können Sie sonst nicht einmal wahrnehmen. Die Tiere, die Sie auf den folgenden Seiten sehen, gehören zu jenen Tierarten, die leider viel zu oft von Touristen in den Nationalparks überfahren werden.

Dieses Chamäleon war am Anfang grün. Als ich mit meiner schwarzen Kamera näher heranrückte, wurde es schwarz. Nach meinem Rückzug wieder grün.

Diese Erdmännchen leben zwar nicht in der freien Wildnis, …

… aber es geht ihnen trotzdem ganz gut.

Für diese Aufnahme eines Kapborstenhörnchens musste ich eine Kamera halb in den Boden eingraben und die Fotos per Fernauslöser machen.

Dieser Schildkröte begegnete ich an einem frühen Morgen, als sie zügig die Straße überquerte.
Rechtes Bild: Junge Klippschliefer in Namibia

Diese ägyptische Kobra wurde in Südafrika mit einem Weitwinkelobjektiv aufgenommen.

Während eines Aufenthaltes in Namibia durchquerten diese Zebramangusten jeden Tag unseren Campingplatz.

Nachwort

Unsere Erde ist ein Paradies! Die Schönheiten auf diesem Planeten sind so vielfältig und spektakulär, dass ich sie kaum mit Worten beschreiben kann. Von tropischen Regenwäldern über Hochgebirge bis hin zu Savannen und Wüsten gibt es die unterschiedlichsten Lebensräume, in denen wir Menschen uns niedergelassen haben. Jeder Lebensraum ist auf seine Weise faszinierend und bezaubernd. Unser Planet gibt uns alles, was wir zum Leben brauchen. Darüber hinaus jedoch noch Dinge, die man weder essen oder besitzen noch mit Geld kaufen kann – wie zum Beispiel das unbeschreibliche Gefühl, ein Teil dieser wunderbaren Natur zu sein.

Für mich gibt es kaum etwas Schöneres, als morgens in meinem Zelt aufzuwachen und in der Wildnis den Sonnenaufgang zu beobachten, während die Vögel singen und die Weidetiere in der Ferne grasen. Wenn ich abends den Sonnenuntergang genießen darf und erlebe, wie die Grillen ihr allabendliches Konzert geben, wie die Hyänen und Schakale rufend durch die Savannen ziehen, fühle ich so etwas wie grenzenloses Glück.

Die Astronauten schwärmen davon, dass unsere Erde der schönste Planet in unserem Sonnensystem sei. Es ist tatsächlich so; und wir Menschen sind in der glücklichen Lage, in diesem Paradies leben zu dürfen.

Unsere Erde entwickelte sich über Millionen von Jahren zu dem, was sie heute ist. Unzählige Lebewesen haben in der Vergangenheit in einer bestimmten Epoche auf diesem Planeten gelebt. Viele von ihnen starben aus, weil sie nicht stark genug waren, sich gegen andere Lebewesen durchzusetzen, oder nach extremen Klimaveränderungen nicht mehr überlebensfähig waren. Andere überlebten die harten Zeiten, entwickelten sich weiter und sind heute noch auf der Erde zu Hause.

Verglichen mit vielen anderen Geschöpfen sind wir Menschen erst seit verhältnismäßig kurzer Zeit auf diesem wunderbaren Planeten. Bereits lange bevor es uns gab, lebten Nashörner, Elefanten, Echsen, Schildkröten und viele andere Tiere in einem freien, zaun- und grenzenlosen Paradies.

Am Anfang lebten wir noch von der Natur und in Harmonie mit ihr. Die Menschen entwickelten sich rasch zu intelligenten Lebewesen, die eine Sonderrolle zwischen den Arten spielten. Unser hoch entwickeltes Gehirn wurde zum Werkzeug, mit dem wir Lösungen für den täglichen Kampf ums Überleben fanden. Dies ging viele tausend Jahre lang gut, bis wir für die anderen Geschöpfe zu intelligent, zu stark und zu zahlreich, ja eine Bedrohung wurden.

Wir verdrängten immer mehr Lebewesen aus deren Lebensraum. Die letzten 500 Jahre waren die schlimmsten. Wir haben Tausende Pflanzen- und Tierarten ausgerottet, viele Landschaften zerstört und die Natur aus ihrem Gleichgewicht gebracht.

Die Liste unserer Zerstörungen ist lang. Hier nur einige Beispiele:

1. Die Vernichtung des Lebens für unwichtige Zwecke. Täglich sterben unzählige, vom Aussterben bedrohte Tierarten für die japanische Küche, die abergläubische chinesische Medizin, die Pelzmantelträger aus den Industriestaaten usw.
2. Reiche Trophäenjäger rotten immer noch seltene Tiere aus. Da helfen leider auch die Tierschutzgesetze wenig.
3. Raubzüge durch die Weltmeere. Rücksichtslos und kurzsichtig überfischt der Mensch sämtliche Ozeane und Meere.
4. Die weltweite Abholzung und Erkrankung der Wälder führte dazu, dass unzählige Arten ausgestorben sind und andere kurz davor stehen. Dazu kommen die klimatischen Folgen dieser Waldvernichtungen.
5. Vergiftung der Flüsse, Meere und Landschaften. Ölkonzerne und Giftmüllhändler aus den Industriestaaten verseuchen die Welt.
6. Kriege töten nicht nur Menschen, sondern zerstören auch die Natur.
7. Treibhauseffekt und Ozonloch. Diese Probleme der neuen Zeit sind ebenfalls Menschenwerke. Die Folgen sind katastrophale Klimaveränderungen und Krankheiten wie z.B. Hautkrebs.
8. Atomreaktoren sind tickende Bomben. Was sich 1986 in Tschernobyl ereignete, kann jederzeit wieder passieren.
9. Unsoziale und ungerechte Verteilung der Reichtümer führte weltweit zur größten von Menschen verursachten Katastrophe. Armut ist das Schrecklichste, was je durch den Menschen entstand. Für arme Menschen hat der Artenschutz verständlicherweise nicht die oberste Priorität.
10. Die Weltüberbevölkerung ist ebenfalls ein großes Problem. Immer mehr Menschen brauchen Nahrung und Platz zum Leben. Dahinter müssen die Tiere zurückstehen und ihren Lebensraum den Menschen überlassen.

Wir haben bereits unzählige Pflanzen- und Tierarten unwiderruflich ausgerottet. Für diese können wir leider nichts mehr tun. Es gibt aber Hoffnung, Mittel und Wege, der weiteren Zerstörung der Natur entgegenzuwirken.

Zum Glück gibt es noch wunderschöne, unberührte Landschaften, in denen riesige Tierherden in freier Wildbahn leben. Noch haben wir die Möglichkeit, da draußen im Busch oder im Urwald Abenteuer zu erleben, dem Gesang der Vögel zu lauschen, die Wildnis zu genießen und von der Natur zu lernen.

Es liegt in unseren Händen, welche Chancen wir der Natur und den zukünftigen Generationen geben. Wenn wir heute nicht handeln, wird es morgen für einige weiteren Arten zu spät sein.

Benny Rebel